Sitzungsberichte
der Akademie der Wissenschaften
der DDR
Mathematik – Naturwissenschaften – Technik

2N
1980

Margit T. Rätzsch

Thermodynamik und biologische Entwicklung

AKADEMIE-VERLAG · BERLIN

Sitzungsberichte
der Akademie der Wissenschaften
der DDR
Mathematik–Naturwissenschaften–Technik

Jahrgang 1980 · Nr. 2/N

Margit T. Rätzsch

Thermodynamik und biologische Entwicklung

AKADEMIE-VERLAG · BERLIN
1980

Vortrag von Margit T. Rätzsch, Korrespondierendes Mitglied der Akademie der Wissenschaften der DDR, in der gemeinsamen Sitzung der Klassen Chemie und Biowissenschaften der AdW der DDR am 14. Juni 1979

Herausgegeben im Auftrage
des Präsidenten der Akademie
der Wissenschaften der DDR
von Vizepräsident Prof. Dr. Heinrich Scheel

Erschienen im Akademie-Verlag, 1080 Berlin, Leipziger Str. 3–4

Lizenznummer: 202 · 100/57/80
Gesamtherstellung: VEB Druckhaus Köthen
Bestellnummer: 762 843 6 (2010/80/2/N) · LSV 1315
Printed in GDR
DDR 3,– M

1. Einleitung

Im vergangenen Jahrhundert wurden durch die Naturwissenschaften zwei große Entwicklungstheorien erarbeitet. Die eine als Entwicklungstheorie der Physik ist ausgedrückt im 2. Hauptsatz der Thermodynamik, der im wesentlichen besagt, daß sich in jedem abgeschlossenen System nach einer mehr oder minder langen Zeit der Gleichgewichtszustand einstellt. Dieser Gleichgewichtszustand ist charakterisiert durch das Maximum, das die Entropie in diesem abgeschlossenen System annehmen kann. Das Eintreten des Wärmetodes in abgeschlossenen thermodynamischen Systemen ist durch viele Beispiele belegt:

- Chemische Reaktionen laufen ab bis sich der Gleichgewichtszustand eingestellt hat.
- Temperaturunterschiede gleichen sich aus bis das System eine einheitliche Temperatur besitzt.
- Konzentrationsgradienten innerhalb einer Phase gleichen sich aus bis die Konzentration aller Komponenten einheitlich ist.

Das heißt Strukturen, die in einem abgeschlossenen System in Form von Temperatur- und Konzentrationsunterschieden gegeben waren, werden im Laufe der Zeit zerstört. Jedes abgeschlossene System strebt dem Zustand geringster Struktur zu.

Die andere Entwicklungstheorie ist die der Biologie, die auf Charles Darwin zurückgeht und im wesentlichen besagt, daß durch Mutation und natürliche Selektion im Laufe der Zeit immer höhere Lebewesen entstehen, d.h. daß sich immer kompliziertere Strukturen ausbilden.

Lange Zeit war nicht abzusehen, wie diese beiden gegensätzlichen Tendenzen, Destrukturierung auf der einen Seite und Strukturierung auf der anderen Seite, auf einen gemeinsamen Nenner gebracht werden können. Als Student lernte ich noch, daß das Leben eine Insel des Widerstandes gegen den 2. Hauptsatz sei.

Den Widerspruch zwischen diesen beiden Entwicklungstendenzen überwand erst die moderne Nichtgleichgewichtsthermodynamik, die die thermodynamische Theorie zu einem der Hauptstützpfeiler der Theorie der biologischen Evolution werden ließ.

2. Grundbegriffe der Thermodynamik irreversibler Prozesse

Da die Theorie der irreversiblen Prozesse nicht bei allen Anwesenden bekannt ist, will ich zunächst einige *Grundlagen* darstellen. Die Nichtgleichgewichtsthermodynamik macht sich bewußt frei von der Beschränkung der klassischen Thermodynamik, jeden Vorgang als ständige Folge von Gleichgewichtszuständen zu durchlaufen, und betrachtet in der Natur tatsächlich ablaufende Prozesse, d. h. irreversible Prozesse.

Die Thermodynamik irreversibler Prozesse beginnt mit der Bilanzierung der Entropie:

$$ds = d_a s + d_i s$$

$d_a s$: Entropieänderung durch Wärme- und Stoffaustausch mit der Umgebung
$d_i s$: Entropieänderung durch den Ablauf von irreversiblen Prozessen im Inneren

Da die Geschwindigkeit der Prozesse interessiert, betrachten wir die zeitlichen Änderungen

$$\frac{ds}{dt} = \frac{d_a s}{dt} + \frac{d_i s}{dt}$$

Geschwindigkeit der Entropieänderung des Systems = Entropieströmung + Entropieproduktion

$$\frac{d_i s}{dt} \geq 0$$

Zentrale Stellung im Gebäude der Thermodynamik irreversibler Prozesse hat die Berechnung der Entropieproduktion, wie ich am Beispiel der Chemischen Reaktion in einem homogenen System zeigen will.

Unter der Voraussetzung eines abgeschlossenen Systems wird

$$\frac{d_a s}{dt} = 0$$

Für das Differential der Entropie gilt

$$ds = \frac{du + Pdv - \sum \mu_i dn_i}{T}$$

In einem abgeschlossenen homogenen System gelten

$$du = 0$$

$$dv = 0$$

$$dn_i = \nu_i d\xi .$$

Die Änderungen der Molzahlen sind nur durch die chemische Reaktion bedingt (ξ: Reaktionslaufzahl).

Damit folgt für das Differential der Entropie

$$ds = -\frac{1}{T}\sum \mu_i\nu_i d\xi.$$

Mit Einführen der Affinität der chemischen Reaktion

$$A = -\sum \nu_i\mu_i = -\Delta^R G$$

erhalten wir:

$$ds = \frac{A}{T}d\xi$$

Für die Entropieproduktion folgt daraus:

$$\sigma = \frac{d_i s}{dt} = \frac{ds}{dt} = \frac{A}{T}\frac{d\xi}{dt} \geq 0; \quad \frac{d\xi}{dt} = w \text{ Reaktionsgeschwindigkeit}$$

Die Entropieproduktion ist demnach das Produkt einer thermodynamischen Größe, der Affinität, und einer kinetischen Größe, der Reaktionsgeschwindigkeit. Die thermodynamische Größe ist hierbei die Ursache, die thermodynamische Kraft, die Triebkraft des betreffenden Vorganges. Die kinetische Größe wird gewöhnlich mit dem Namen Fluß bezeichnet, weil sie in anderen Fällen tatsächlich einen Fluß darstellt (Wärmefluß, Diffusionsfluß). Treten mehrere Effekte gleichzeitig auf, wird die Entropieproduktion als $\sigma = \sum_k J_k X_k$, d.h. als Summe der Produkte Fluß mal Kraft, geschrieben.

Der Zusammenhang zwischen Kräften und Flüssen, welcher der Thermodynamik nicht entnommen werden kann, geht davon aus, daß für die Kraft Null auch der Fluß Null sein wird und daß mit wachsender Kraft auch der Fluß wächst. Damit wird die Funktion $J = J(X)$ in eine TAYLOR-Reihe entwickelt

$$J = LX + MX^2 + \ldots$$

Dieser Ansatz ist als phänomenologische Gleichung bekannt. Wenn X nicht zu groß ist, kann die Reihe nach dem linearen Glied abgebrochen werden und die darauf konzipierte Thermodynamik irreversibler Prozesse wird als lineare irreversible Thermodynamik bezeichnet.

$$J = LX$$

$$\sigma = L \cdot X^2 \geq 0 \rightarrow L \geq 0$$

Die seit vielen Jahren bekannten empirischen Gesetze von FICK, FOURIER, NEWTON, OHM zeigen, daß bei Diffusion, Wärmeleitung, Viskosität und Elektrizitätsleitung das lineare Gebiet gewöhnlich recht weit ist.

Das Fehlen einer entsprechenden empirischen Beziehung für chemische Reaktionen weist darauf hin, daß der Ansatz $1/v \cdot d\xi/dt = \alpha A$ nur nahe am Gleichgewicht erfüllt ist.

Vorgang	Gesetz von	Fluß	Kraft
Diffusion	Fick	$\frac{1}{F}\frac{dn_i}{dt} = D_i$	$\left(-\frac{dC_i}{dx}\right)$
Wärmeleitung	Fourier	$\frac{1}{F}\frac{dq}{dt} = \lambda$	$\left(-\frac{dT}{dx}\right)$
Innere Reibung	Newton	$\frac{1}{F}\frac{dI_y}{dt} = \eta$	$\left(-\frac{dv_y}{dx}\right)$
Stromleitung	Ohm	$\frac{1}{F}\frac{de}{dt} = \varkappa$	$\left(-\frac{d\varphi}{dx}\right)$
chemische Reaktion		$\frac{1}{v}\frac{d\xi}{dt} = \alpha \cdot A$	

Anderenfalls wäre die formale chemische Kinetik eine höchst simple Angelegenheit.

3. Kreuzeffekte als Beginn der Strukturbildung

Das thermodynamische Verständnis für die Entstehung biologischer Strukturen beginnt mit der linearen irreversiblen Thermodynamik, beginnt mit strukturellen Ansätzen in den Kreuzeffekten. Sogenannte Kreuzeffekte kommen zustande, wenn sich zwei der vorhin diskutierten Effekte gegenseitig beeinflussen, wie bei der Thermodiffusion. Unter Thermodiffusion versteht man die Erscheinung, daß in einem homogenen Zweistoffsystem ein Temperaturgradient erzeugt wird, der eine partielle Stofftrennung, d.h. einen Konzentrationsgradienten, hervorruft. Hier handelt es sich um die gegenseitige Beeinflussung von Wärmeleitung und Diffusion. Es sind immer zwei Kreuzeffekte miteinander gekoppelt, von denen der eine die Umkehrung des anderen darstellt. Die Umkehrung des Thermotransportes ist der Diffusionsthermoeffekt, der auch als Dufour-Effekt bekannt ist. Zur Beschreibung müssen die phänomenologischen Gleichungen um die Therme der Kreuzeffekte erweitert werden.

$$J_s = L_{ss}X_s + L_{sq}X_q \qquad s\text{: Stoff}$$

$$J_q = L_{qs}X_s + L_{qq}X_q \qquad q\text{: Wärme}$$

L_{ss} beschreibt die reine Diffusion, L_{qq} die reine Wärmeleitung. L_{sq} ist der Diffusionsthermokoeffizient, der nach der Onsager-Relation gleich dem

Thermodiffusionskoeffizienten L_{qs} ist. Für die Entropieproduktion folgt:

$$\sigma = J_s X_s + J_q X_q = \underset{\substack{\uparrow \\ \geq 0}}{L_{ss}} X_s^2 + 2 \underset{\substack{\uparrow \\ \gtrless 0}}{L_{sq}} X_s X_q + \underset{\substack{\uparrow \\ \geq 0}}{L_{qq}} X_q^2 \geq 0$$

Die Rolle des Gleichgewichtes in der klassischen Thermodynamik (d.h. der Endzustand im abgeschlossenen System) kommt in der Thermodynamik irreversibler Prozesse dem stationären Zustand zu: In nicht abgeschlossenen Systemen kommt es bei Konstanz der äußeren Einwirkung auch zur Einstellung eines zeitunabhängigen Endzustandes, d.h. eines stationären Nichtgleichgewichtszustandes. Der stationäre Zustand unterscheidet sich vom Gleichgewicht insbesondere dadurch, daß ständig Prozesse ablaufen und Entropie produziert wird. Der Gleichgewichtszustand ist charakterisiert durch das Maximum der Entropie. Für den stationären Nichtgleichgewichtszustand existiert auch ein Extremalprinzip, das Minimum der Entropieproduktion bei vorgegebenen äußeren Bedingungen. Das Prinzip vom Minimum der Entropieproduktion gilt nur im Bereich der linearen phänomenologischen Gleichungen.

Für die Thermodiffusion ist die Entropieproduktion σ (X_q, X_s) eine positiv definite quadratische Form, d.h. ist nur 0, wenn X_q und $X_s = 0$ sind, d.h. im Gleichgewicht. Hält man den Temperaturgradienten X_q von außen konstant, folgt $\sigma = \sigma(X_s)$, eine Parabel.

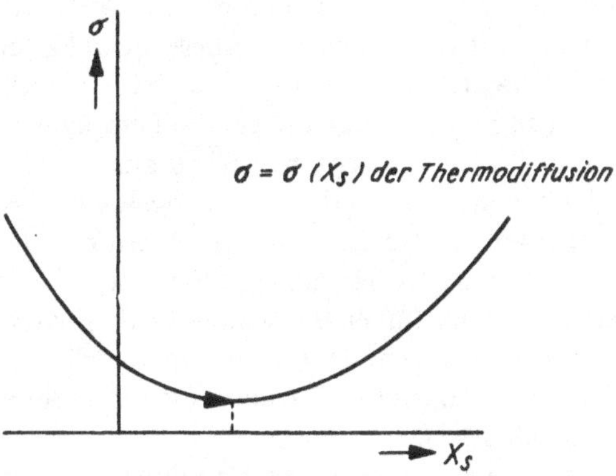

Abb. 1 Entropieproduktion der Thermodiffusion

Im stationären Zustand hat σ ein Minimum. Dort ist $X_s \neq 0$, d.h. es liegt ein bestimmter Konzentrationsgradient vor. Beim Thermodiffusionsexperiment ist das System zunächst homogen bezüglich der Konzentration, d.h. $X_s = 0$. Durch Wärmeleitung wird eine Entropieproduktion hervorgerufen; die erzeugte Entropie wird nicht nur nach außen abgegeben, sondern dient auch zum Aufbau eines Konzentrationsgradienten. Der Konzentrationsgradient wird dabei in solcher Richtung aufgebaut, daß sich die Entropieproduktion verringert bis sie den minimalen Wert erreicht hat, der bei der vorgegebenen äußeren Kraft X_q möglich ist.

Der entscheidende Gedankengang bei diesem alten Experiment, der auf BARANOWSKI zurückgeht, ist, daß es sich beim Thermotransport um *Strukturbildung* handelt (wenn auch nicht in einer sehr ausgeprägten Form). In der anfangs bezüglich der Konzentration homogenen und damit strukturlosen Lösung wird eine Struktur bezüglich der Konzentration, d.h. ein Konzentrationsgradient, aufgebaut. Es wird Stoff *entgegen* dem Konzentrationsgefälle transportiert bis das Konzentrationsgefälle den dem stationären Zustand entsprechenden Wert besitzt. Die bei der Wärmeleitung durch die Lösung erzeugte Entropie wird also z.T. zur Bildung und Aufrechterhaltung der Struktur eingesetzt.

4. Stabilität dissipativer Strukturen

Dieses Phänomen der Strukturbildung findet sich viel ausgeprägter im nichtlinearen Bereich der phänomenologischen Gleichungen, d.h. dort, wo die thermodynamischen Kräfte groß sind – also weit entfernt vom thermodynamischen Gleichgewicht.

Ein markantes Beispiel ist das sogenannte BÉNARD-*Problem*. Dabei wird eine Flüssigkeit von unten erwärmt, indem sich z.B. zwei horizontale Platten in ihr befinden mögen, wobei die untere auf der höheren Temperatur gehalten werden möge. Bei kleiner Temperaturdifferenz (kleine Abweichung vom Gleichgewicht $\triangle T = 0$) findet nur Wärmeleitung statt. Überschreitet die Temperaturdifferenz einen bestimmten kritischen Wert, dann tritt zusätzlich zur Wärmeleitung Konvektion auf, wodurch der effektive Wärmeübertragungskoeffizient vergrößert wird. Es bilden sich sogenannte BÉNARDsche Konvektionszellen aus, d.h. es kommt zur Ausbildung einer neuen räumlichen Struktur. Diese Konvektionszellen sind ein typisches Beispiel für eine sogenannte dissipative Struktur. Dissipative Strukturen stehen im Gegensatz zu sogenannten Gleichgewichtsstrukturen. Gleichgewichtsstrukturen sind eine Konsequenz zwischenmolekularer Kraftwirkungen (z.B. im Kristall).

Dissipative Strukturen dagegen sind eine Folge der Entropieproduktion. Statt von Erzeugung von Entropie spricht man manchmal auch von Dissipation von Energie. Dissipative Strukturen werden erzeugt und aufrechterhalten durch den Ablauf eines Vorganges im System infolge einer von außen angelegten thermodynamischen Kraft. Diese Kraft ist die Temperaturdifferenz der beiden Platten im BÉNARD-Problem. Verschwindet diese Kraft, kommt der Vorgang zum Erliegen und die dissipative Struktur verschwindet.

Ein typisches Beispiel für das Auftreten neuer Strukturen bei hinreichender Entfernung vom Gleichgewicht ist auch bei gewissen chemischen Reaktionen, den sogenannten oszillierenden Reaktionen, gegeben. Zum Beispiel bei der sogenannten SHABOTINSKI-Reaktion besitzen einige Zwischenstoffe zeitlich oszillierend höhere und niedrigere Konzentrationen.

In den diskutierten Fällen spielt die Frage der *Stabilität* eine entscheidende Rolle. Die in Gleichgewichtsnähe vorliegende Organisationsform des Vorganges (reine Wärmeleitung) ist zunächst stabil. Bei einem gewissen Abstand vom Gleichgewicht wird sie instabil. Es bildet sich eine neue Organisationsform, die zusätzliche Konvektion, aus, die jetzt stabil ist.

Dieses Umschlagen in die neue Organisationsform erfolgt durch Fluktuationen, d.h. Schwankungen. Denken Sie an die Auswirkung solcher Schwankungen bei der Strömung durch ein Rohr. Es möge eine kleine Fluktuation der kinetischen Energie vorliegen (δE_{kin}). Dieser Schwankung entspricht ein Buckel im Geschwindigkeitsprofil. Ist die laminare Strömung stabil, dann geht die Schwankung zurück, d.h. $\delta E_{\mathrm{kin}} \to 0$ für $t \to \infty$. Wächst dagegen δE_{kin} mit der Zeit an – das ist der Fall, wenn die REYNOLDS-Zahl einen kritischen Wert überschreitet, der der Instabilität entspricht – dann wird die alte Organisationsform durch die Schwankung zerstört und eine neue Organisationsform – hier die turbulente Strömung – bildet sich aus. In den ungestörten Zustand kehrt das System nur zurück, wenn eine Schwankung abgebaut wird, wie das gewöhnlich der Fall ist. Eine neue Struktur entsteht, wenn Schwankungen verstärkt werden. Die Eigenschaften des Systems jenseits der Instabilität können nicht kontinuierlich erreicht werden, wenn man von Gleichgewichtsnähe ausgeht. Struktur und Eigenschaften des Systems können durch Extrapolation über die Instabilität hinweg nicht ermittelt werden. Die klassische Stabilitätstheorie von GIBBS gilt nur für den Gleichgewichtszustand. Für stationäre Nichtgleichgewichtszustände tritt an ihre Stelle die Stabilitätstheorie von GLANSDORFF und PRIGOGINE. Die zentrale Rolle spielt das Differential 2. Ordnung der Entropie $\delta^2 s$, das die Krümmung der Entropiekurve beinhaltet. Die Verallgemeinerung der klassischen Schwankungstheorie von EINSTEIN bringt diese Größe mit den Fluktuationen in Zusammenhang. Für das Problem des Zurückgehens von Fluktuationen ist das Studium der zeitlichen Entwicklung von $\delta^2 s$ bedeutsam. Dazu wird $\delta^2 s$ analog bilanziert wie wir es von der Entropie kennen. Von entscheidender Bedeutung ist dabei der entsprechende Produktionsterm, der als sogenannte Exzeßentropieproduktion bezeichnet wird. Für die Exzeßentropieproduktion $\sigma\,[\delta s]$ folgt:

$$\sigma[\delta s] = \Sigma dJ_k \cdot dX_k > 0 \quad \text{stabil (Fluktuationen gehen zurück)}$$

$$= 0 \quad \text{Stabilitätsgrenze}$$

$$< 0 \quad \text{instabil (Fluktuationen verstärken sich)}$$

Im Bereich der linearen Nichtgleichgewichtsthermodynamik ist die Exzeßentropieproduktion stets positiv, d.h. dort gibt es nur stabile stationäre Zustände.

Bei großem Abstand vom Gleichgewicht muß das nicht so sein. Wir betrachten *chemische Reaktionen*

$$W = \frac{1}{v} w$$

$$\sigma [\delta s] = \frac{dW dA}{T} > 0$$

Wir benötigen noch die Beziehung für die Affinität

$$A = -\sum \nu_i \mu_i; \quad \mu_i = \mu_i^{\ominus} + RT \ln C_i;$$

C_i ist die Konzentration, so daß wir annehmen wollen, daß dieses ideale Gesetz gilt.

$$A = \underbrace{-\sum \nu_i \mu_i^{\ominus}}_{RT \ln K} - RT \ln \prod_i C_i^{\nu_i}; \quad A = RT \left(\ln K - \ln \prod_i \ln C_i^{\nu_i}\right)$$

Wir beziehen uns nun auf die Reaktion $X + Y \rightleftarrows C + D$

$$A = RT\left(\ln K - \ln \frac{CD}{XY}\right); \quad W = k_+ XY$$

d.h. wir nehmen an, uns hinreichend entfernt vom Gleichgewicht zu befinden, so daß die Rückreaktion vernachlässigt werden kann.

Wir betrachten eine Fluktuation bezüglich X

$$dA = RT \frac{dX}{X}; \qquad dW = k_+ Y dX; \qquad \sigma [\delta s] = Rk_+ \frac{Y}{X} (dX)^2 > 0$$

stabil

Bei autokatalytischen Reaktionen sieht das aber anders aus:

$$Y \overset{X}{\rightleftarrows} X \Rightarrow X + Y \rightleftarrows 2X$$

$$A = RT \left(\ln K - \ln \frac{X}{Y}\right); \quad W = k_+ XY$$

Wir berechnen wieder die Fluktuation bezüglich X

$$dA = -RT \frac{dX}{X}; \quad dW = k_+ Y dX; \quad \sigma [\delta s] = -Rk_+ \frac{Y}{X} (dX)^2 < 0$$

instabil

Solang man lediglich diese isolierte Reaktion betrachtet, bedeutet das nicht viel; denn um einen stationären Zustand zu erreichen, muß man die Konzentrationen der Anfangs- und Endstoffe durch entsprechende Zu- bzw. Abfuhr von außen konstant halten, und es sind so keine Fluktuationen möglich.

Liegen aber komplizierte Reaktionssysteme mit mehreren Reaktionsschritten und Zwischenstoffen vor, bei denen X und Y irgendwelche Zwischenstoffe darstellen, dann bedeutet das negative Vorzeichen, daß der stationäre Zustand *instabil* ist. In anderen Worten: Obwohl die Konzentrationen aller Anfangs- und Endstoffe von außen zeitlich konstant gehalten werden, besitzen die Zwischenstoffe X und Y keine zeitlich konstanten Werte, sondern oszillieren zeitlich.

Es zeigt sich allgemein, daß autokatalytische Reaktionssysteme Kandidaten für Instabilitäten sind.

5. Dissipative Strukturen in Biosystemen

Nun zur Biologie!

Vom Standpunkt der irreversiblen Thermodynamik aus ist jedes Biosystem eine *dissipative Struktur.* Diese dissipative Struktur entsteht aus der Kopplung verschiedener chemischer Reaktionen und Transportvorgänge, insbesondere Diffusion. Die für die Aufrechterhaltung des Lebens notwendigen chemischen Reaktionen laufen weit vom Gleichgewicht entfernt ab.

Damit der Organismus nicht in das Gleichgewicht – d.h. den Tod – abgleitet, muß die in ihm produzierte Entropie ständig kompensiert werden. Ein Organismus befindet sich im wesentlichen in einem stationären Zustand (wenn man von kurzzeitigen Schwankungen wie Schlaf absieht), d.h. seine Gesamtentropie ist zeitlich konstant. Daraus ergibt sich nach der Entropiebilanzgleichung

$$\frac{ds}{dt} = \frac{d_a s}{dt} + \frac{d_i s}{dt},$$

daß die Entropieströmung negativ und dem Betrag nach gleich der Entropieproduktion sein muß.

Da der Wärmeaustausch je nach Art des Lebewesens und Umgebungstemperatur nach beiden Richtungen stattfinden kann, kommt die Entropieabgabe durch Ein- und Ausfuhr von Stoffen unterschiedlicher chemischer Beschaffenheit zustande. Dann müssen die Nährstoffe weniger Entropie besitzen als die abgegebenen Stoffwechselprodukte. So ist SCHRÖDINGER in seinem Buch „Was ist Leben“ zu verstehen, wenn er sagt: „Jeder Organismus nährt sich von negativer Entropie“.

Was macht nun der Organismus mit der zugeführten negativen Entropie bzw. positiven freien Energie? Er erhält damit die dissipative Struktur aufrecht, d.h. er betreibt zahlreiche Reaktionen, die ihn davor bewahren, in das Gleichgewicht, d.h. den Zustand des Todes, abzugleiten.

Die Voraussetzung des stationären Zustandes, d.h. die zeitlich konstante Einwirkung der Umgebung ist durch die regelmäßige Aufnahme von Nahrung und Abgabe der Stoffwechselprodukte gegeben.

Die Nichtgleichgewichtsthermodynamik läßt auch den eingangs aufgezeigten Widerspruch zwischen Physik und Biologie – zwischen Strukturzerstörung und Strukturbildung – als scheinbar erkennen. Strukturbildung ist zunächst einmal nicht etwas, was nur zum Leben gehört, sie tritt auch in unbelebten Systemen ein. Strukturbildung steht keineswegs im Widerspruch zum 2. Hauptsatz.

Es gibt natürlich nur einen einheitlichen Typ physikalischer Gesetzmäßigkeit – aber unterschiedliche thermodynamische Situationen. In unterschiedlichen Situationen wirkt sich dieselbe Gesetzmäßigkeit unterschiedlich aus. *Strukturzerstörung* ist immer mit der Annäherung an das Gleichgewicht verbunden, *Strukturbildung* setzt dagegen (unter gewissen Bedingungen) vorgegebene thermodynamische Kräfte voraus, die so groß sind, daß die phänomenologischen Gleichungen im wesentlichen nicht linear sind. Das Leben ist also durchaus mit den Gesetzen der Physik vereinbar. In diesem Zusammenhang wird in der Literatur nur ein erwachsenes Lebewesen als im stationären Zustand befindlich angesehen. Ein noch nicht ausgewachsener Organismus soll einem System mit irreversiblen Prozessen entsprechen, das dem stationären Zustand, d.h. der Entwicklungsendstufe, dem Erwachsensein, im Verlauf seiner individuellen Entwicklung zustrebt. Die weitere Analogie zum thermodynamischen System läßt vermuten, daß die Entropieerzeugung eines Organismus im Laufe seiner Entwicklung abnimmt und im stationären Zustand ihren Minimalwert erreicht. Da das Prinzip der minimalen Entropieerzeugung an lineare phänomenologische Gleichungen gebunden ist und die im Lebewesen ablaufenden chemischen Reaktionen weit jenseits dieses Bereiches liegen, sind diese Überlegungen Spekulation. Aus den Arbeiten von Bertalanffy geht hervor, daß man tatsächlich bei den meisten der untersuchten Lebewesen fand, daß die Stoffwechselintensität und damit die lokale Entropieproduktion des Lebewesens im Laufe seiner individuellen Entwicklung abnimmt und beim erwachsenen Organismus seinen Minimalwert erreicht.

6. Physikalische Begründung und quantitative Formulierung des Darwinschen Prinzips

Es bleibt etwas zu sagen zu der Frage, wie Leben entstanden ist!

Eigen unterscheidet 3 Evolutionsphasen:

1. Präbiotische „chemische“ Phase
2. Phase der Selbstorganisation zu replizierenden, d.h. sich selbst reproduzierenden, Individuen
3. Evolution der individuellen Arten

In der 1. Phase bildet sich eine große Zahl chemischer Verbindungen, dabei auch alle wichtigen Bestandteile biologischer Makromoleküle, insbesondere Aminosäuren, energiereiche Nucleosidphosphate wie ATP (Adenosintriphosphat) und seine Basenhomologe. Unter den Bedingungen der frühen Erde können alle benötigten Verbindungen gebildet werden und auch polymerisieren.

Bei der 2. Phase handelt es sich um die entscheidende Phase. Hier erfolgt der Übergang vom Unbelebten zum Belebten. Die Selbstorganisation zu sich selbst reproduzierenden Individuen behandelt die EIGENsche Evolutionstheorie. Der entscheidende Punkt ist in dieser Phase die Entstehung der biologischen Makromoleküle, der Proteine aus 20 verschiedenen Aminosäuren und der Nukleinsäuren aus 4 verschiedenen Nukleotiden. Die Makromoleküle enthalten viele Tausende der elementaren Bausteine. Entscheidend ist, daß nicht irgendeine beliebige Folge der Bausteine gegeben ist, sondern eine oder einige wenige ganz bestimmte Folgen; denn die Folge der Bausteine hat nach dem heute völlig bekannten genetischen Code einen ganz bestimmten Sinn im biologischen Geschehen der Zelle. Diese Folge der Bausteine beinhaltet „Information". Wie konnten solche Makromoleküle mit ganz definierter Folge der Bausteine entstehen? Auf keinen Fall zufällig; denn für ein Protein aus nur 100 Bausteinen gibt es bereits 10^{130} verschiedene Möglichkeiten. Um sich diese Größenordnung überhaupt vorstellen zu können, sei gesagt, daß 10^{42} Moleküle bereits alle Ozeane der Erde mit Proteinmolekülen füllen würden. Daß irgendeines davon die benötigte Sequenz durch Zufall besitzt, hat die Wahrscheinlichkeit $10^{-88} \approx 0$. Wenn eine zufällige Entstehung auszuschließen ist, bleibt nur die Möglichkeit, daß die Entstehung – wie EIGEN sagt – „instruiert" erfolgt.

EIGEN denkt sich für das prinzipielle Verständnis eine sogenannte „Informationsbox". Sie soll semipermeable Wände besitzen, durch die die monomeren Bausteine in energiereicher Form hineindiffundieren und in energiearmer Form herausdiffundieren können. „Energiereich" heißt hier in einer Bindung an andere chemische Stoffe, wobei diese Bindung zu einer hohen freien Energie der Stoffe führt; energiearm das entsprechende Gegenteil. In der Box sollen solche Bedingungen herrschen, daß die Monomeren zu Makromolekülen polymerisieren können und diese Polymeren auch wieder in die Bausteine zerfallen können.

Durch das Eindiffundieren der energiereichen und das Ausdiffundieren der energiearmen Bausteine wird das System mit freier Energie bzw. negativer Entropie gefüttert. Die dadurch vorgegebene Affinität muß so groß sein, daß das System weit vom inneren Gleichgewicht entfernt ist.

Für die Entstehung und den Zerfall der verschiedenen makromolekularen Spezies formulieren wir auf der Basis der formalen Reaktionskinetik eine allgemeine Geschwindigkeitsgleichung

$$\frac{dC_i}{dt} = (F_i - R_i)\, C_i + \sum_{l \neq i} \varphi_{il} C_l$$

C: Konzentration

t: Zeit

i bzw. l unterscheiden die verschiedenen makromolekularen Spezies mit unterschiedlicher Folge der Bausteine

Der Bildungsterm F_iC_i wird als autokatalytisch angenommen, da C_i auftritt. F_i ist keine Konstante, sondern hängt von den Konzentrationen der energiereichen Ausgangsmonomeren ab, von den Konzentrationen vorhandener katalytisch wirkender Stoffe und evtl. von C_i. Die Bildung muß unbedingt autokatalytisch sein, weil eine einmal gebildete Information ja erhalten bleiben muß. Ich erinnere an EIGEN, wonach die Bildung selbstinstruiert erfolgen muß.

Wie ich bereits ausführte, ermöglicht die Autokatalyse das Auftreten von Instabilitäten, die für die Evolution von entscheidender Bedeutung sind.

In Gleichgewichtsnähe können keine Instabilitäten auftreten; denn in Gleichgewichtsnähe lassen sich die Entropieproduktionen immer durch quadratische Formen in den Reaktionslaufzahlen oder Affinitäten ausdrücken, und die Lösungen der linearisierten Geschwindigkeitsgleichungen sind Exponentialfunktionen mit reellen und negativen Argumenten. Instabilitäten bedeuten aber Exponentialfunktionen mit positivem Argument. Die Autokatalyse hat für Gleichgewichtsnähe kein Wachstum zur Folge, weil Hin- und Rückreaktion wegen der mikroskopischen Reversibilität gleichermaßen beeinflußt werden.

Der Term R_iC_i ist der normale Zersetzungsterm. R_i muß keine Konstante sein, sondern kann von den Konzentrationen vieler vorhandener Substanzen abhängen.

Der letzte Term beschreibt die Möglichkeit, daß bei der autokatalytischen (selbstinstruierten) Reproduktion ähnlicher makromolekularer Teilchen Fehler auftreten können.

Die Größen F_i und R_i können noch weiter spezifiziert werden.

$$F_i = k_0 A_i Z_i; \quad R_i = k_0 D_i$$

k_0: allgemeine Bezugsgeschwindigkeitskonstante, die bewirkt, daß A_i, Z_i und D_i dimensionslos sind

A_i: Verstärkungsfaktor, der beschreibt, wie stark die Bildung von Makromolekülen durch die Teilchen i katalysiert wird – unabhängig davon, ob sie wieder genau zum Teilchen i führen oder durch fehlerhafte Kopierung zu einer etwas abweichenden Mutanten.

Z_i: „Qualitätsfaktor", der angibt, wie genau die selbstinstruierte Bildung von i tatsächlich wieder zu i führt. $Z_i < 1$.

1-Z_i: Bruchteil der durch fehlerhafte Kopierung von i gebildeten Mutanten
D_i: Dimensionslose Größe zur Beschreibung der Zersetzung

Damit wird

$$\frac{dC_i}{dt} = k_0 (A_i Z_i - D_i) C_i + \sum_{l \neq i} \varphi_{il} C_l$$

Diese phänomenologische Geschwindigkeitsgleichung beschreibt alle Reaktionssysteme, die durch die Eigenschaften Stoffwechsel, Selbstreproduktion und Mutabilität gekennzeichnet sind:

1. Stoffwechsel, erfaßt durch die Gesamtgeschwindigkeitsterme $k_0 \sum A_i C_i$ und $k_0 \sum D_i C_i$. Diese Terme beschreiben den Übergang von den energiereichen Monomeren über die Zwischenstufe von Polymeren in energiearme Monomere. Z_i und $\Sigma\, \varphi_{il} C_l$ treten hierbei nicht auf, weil beide Fehler bei der Selbstreproduktion der Polymere beschreiben und sich deshalb bei der Summation über alle Polymere herausheben.

2. Selbstproduktion als Folge der Autokatalyse

3. Mutabilität als Folge von $Z_i < 1$

Wir betrachten einen stationären Zustand und nehmen an, daß ein zeitlich konstanter Zufluß Φ_M energiereicher Monomerer dem System zugeführt wird und ein entsprechender Abfluß Φ'_M energiearmer Monomerer vorliegt. Φ_M und Φ'_M sind gleich groß und erfolgen im gleichen zeitlich konstanten Verhältnis der verschiedenen möglichen Monomeren. Nach erfolgter Einstellung des stationären Zustandes tritt eine konstante Gesamtgeschwindigkeit der Polymerenbildung und eine konstante Gesamtgeschwindigkeit der Polymerenzersetzung auf. Zufluß, Reaktionsflüsse und Abfluß müssen gleich sein:

$$\Phi_M = k_0 \sum A_i C_i = k_0 \sum D_i C_i = \Phi'_M$$

Biologisch gesehen liegt ein zeitlich konstanter Stoffwechsel vor. Zur Vereinfachung wird weiter angenommen, daß alle Polymeren, d.h. alle Informationsträger, etwa dieselbe Gesamtzusammensetzung besitzen und daß ihre Bildungsgeschwindigkeit bei allen in gleicher Weise von den Konzentrationen der möglichen Monomeren abhängt. Diese Abhängigkeit sei durch die Funktion $f(m_1, \ldots, m_z)$ beschrieben.
$m_1 \ldots m_z$: Konzentrationen der möglichen Monomeren

Wir schreiben dann für A_i

$$A_i = f A'_i$$

und A'_i enthält die Monomerenkonzentration nicht mehr.

Damit wird

$$\frac{dC_i}{dt} = k_0 [f A'_i Z_i - D_i] C_i + \sum_{l \neq i} \varphi_{il} C_l.$$

Für den stationären Zustand muß gelten:

$$f \underbrace{\sum A_i' C_i}_{\overline{A}'} = \underbrace{\sum D_i C_i}_{\overline{D}}; \quad f = \frac{\overline{D}}{\overline{A}'}$$

$$\frac{dC_i}{dt} = k_0 \left[f (A_i' Z_i - D_i) + (f - 1) D_i \right] C_i + \sum_{l \neq i} \varphi_{il} C_l$$

Wir führen ein

$$P = \frac{\overline{A}' - \overline{D}}{\overline{D}} = \frac{\overline{A}'}{\overline{D}} - 1 = \frac{1}{f} - 1$$

$$f = \frac{1}{P + 1}$$

$$f - 1 = \frac{-P}{P + 1}$$

$$W_i = \frac{A_i' Z_i - D_i}{D_i}.$$

W_i wird als Selektionswert bezeichnet.

Damit kommen wir zu:

$$\frac{dC_i}{dt} = k_0 \left[\frac{D_i}{P + 1} W_i - \frac{P}{P + 1} D_i \right] C_i + \sum_{l \neq i} \varphi_{il} C_l$$

$$\boxed{\frac{dC_i}{dt} = \frac{k_0 D_i}{P + 1} [W_i - P] C_i + \sum_{l \neq i} \varphi_{il} C_l}$$

Diese Gleichung läßt die Entstehung biologischer Makromoleküle bestimmter Sequenz der Bausteine verstehen. Sie erklärt darüber hinaus, was Mutation und Selektion auf molekularer Ebene bedeuten. Zunächst werden durch unspezifische Polymerisationsreaktionen irgendwelche Polymere erzeugt. Die verschiedenen Polymere unterscheiden sich in ihren Parametern A_i', Z_i, D_i und damit in ihren Selektionswerten W_i. Liegt W_i unter der Schranke P, so wird der 1. Term negativ und damit $dC_i/dt < 0$. Der letzte Term, der fehlerhaftem Kopieren entspricht, spielt hierbei keine Rolle. Spezies mit $W_i < P$ sterben aus.

Für Arten mit $W_i > P$ tritt nach dieser Gleichung ein Anwachsen ein. Das Aussterben von Spezies mit geringerem Selektionswert führt zu einem Ansteigen der Schranke P, weil sie von $\overline{A}' - \overline{D}$ bestimmt wird und bei der Mittelung die Spezies mit kleinem A_i' und großen D_i wegen ihres Absterbens wegfallen.

Infolge des Ansteigens der Schranke fallen die Selektionswerte weiterer Spezies unter die Schranke und diese sterben auch aus. Dieser Prozeß läuft solang bis nur eine Spezies übrig bleibt, nämlich die mit dem größten Selektionswert; diese nennt man eine Masterkopie. Sie liegt jetzt fast allein vor. Die Schranke P ist bis auf den Selektionswert dieser Masterkopie angestiegen:

$$P \rightarrow W_m$$

Der Begriff „Überleben der Tauglichsten" von DARWIN hat den konkreten physikalischen Sinn „Jene mit dem größten Selektionswert" bekommen. Die sich selbstadjustierende Schranke P ist ein Maß der Selbstorganisation, die im Systen erreicht wird. Für eine Masterkopie kann der letzte Term vernachlässigt werden, da seine Bildung durch katalytische Einwirkung anderer Polymerer keine Rolle spielt, da ja kaum andere vorhanden sind.

Im stationären Zustand gilt $dC_m/dt = 0$.
Eine Masterkopie zieht bei ihrer Selbstreproduktion einen Kometenschweif von fehlerhaften Kopien hinter sich her, die kleinere Selektionswerte besitzen und immer wieder aussterben.

Das System stabilisiert die Information über die tauglichste Spezies. Allerdings nur so lange wie keine Mutante mit Selektionsvorteil auftritt. Infolge der so unüberschaubar großen Zahl der möglichen Sequenzen von Biopolymeren ist nur ein kleiner Bruchteil aller möglichen Spezies überhaupt ausprobiert worden. Bildet sich also durch fehlerhafte Reproduktion einer vorliegenden Masterkopie eine Mutante mit höherem Selektionswert, dann setzt das beschriebene Spiel wieder ein. Die alte Masterkopie stirbt aus und die neue wächst an. Die Schranke P steigt bis auf den Selektionswert der neuen Mutante mit Selektionsvorteil an. Damit sind Mutation und Selektion auf molekularer Ebene beschrieben.

Der Vorgang des Auftretens einer Mutante mit höherem Selektionswert kann sich wiederholen. Die Schranke P steigt dann in der Folge an:

$$W_m < W_{m+1} < W_{m+2} \cdots$$

Auf diese Weise erscheint der Evolutionsvorgang des Lebens unabwendbar, aber indeterminiert, wenn die entsprechenden Bedingungen vorliegen, denn welche der vielen möglichen Mutanten gebildet wird und wann – das ist eine Frage der zufälligen Schwankungen.

Vom Standpunkt der irreversiblen Thermodynamik aus betrachten wir den Übergang von einer Masterkopie zu einer Mutante mit höherem Selektionswert als Instabilität eines stationären Zustandes im nichtlinearen Gebiet der phänomenologischen Gleichungen. Wenn eine Masterkopie dominiert, dann liegt ein stationärer Zustand vor ($dC_m/dt = 0$). Das Auftreten einer fehlerhaften Kopie mit kleinerem Selektionswert entspricht einer Schwankung, die zurückgeht. Das Auftreten einer fehlerhaften Kopie mit größerem Selektionswert bedeutet dagegen eine Schwankung, die sich verstärkt, d.h. eine Instabilität des Systems. Sie kann mit dem PRIGOGINE-GLANSDORFFschen Stabilitätskriterium beschrieben und erfaßt werden. Das heißt bei der Schwankung, beim Übergang zum neuen stationären Zustand mit der Mutante mit höherem Selektionswert, ist die Exzeßentropieproduktion negativ

$$\sigma\,[\delta s] < 0.$$

Das bedeutet ein Ansteigen der mittleren Geschwindigkeit verbunden mit einer Abnahme der Affinität, so wie ich das am Beispiel der autokatalytischen Reaktion $Y \rightleftharpoons X$ zeigte. In der nächsten Abbildung bedeutet s die insgesamt im System bisher produzierte Entropie. Im stationären Zustand ist die Entropieproduktion zeitlich konstant. Das führt zu einer linearen Abhängigkeit der erzeugten Entropie s von der Zeit t.

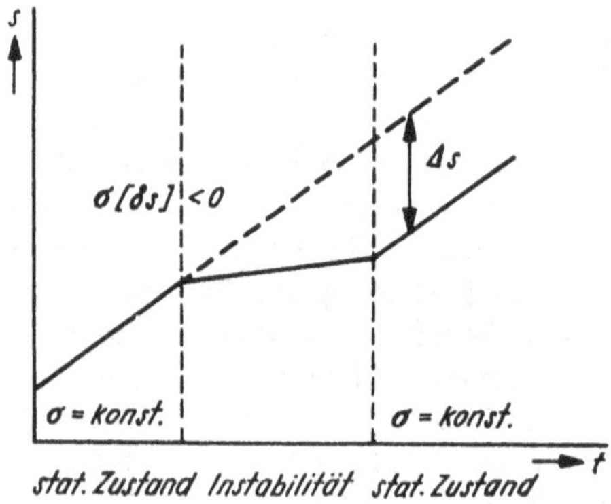

Abb. 2 Produzierte Entropie als Funktion der Zeit

Bei der Instabilität, d.h. beim Auftreten der neuen Mutante kommt es zu einer negativen Exzeßentropieproduktion. Das entspricht dem Abweichen der Kurve zu einer kleineren Neigung. Diese Abweichung verstärkt sich bis der neue stationäre Zustand erreicht ist. Da die äußeren Flüsse konstant sind, wird die ursprüngliche Neigung mehr oder minder genau wieder hergestellt, wenn der neue stationäre Zustand erreicht ist. Die resultierende Differenz $\triangle s$ entspricht der angestiegenen inneren Ordnung und wird dargestellt durch den höheren Grad der Organisation der neuen Mutante. Es tritt keine Verletzung des 2. Hauptsatzes auf. Selektion und Evolution können in gewisser Analogie zum thermodynamischen Gleichgewicht durch ein Extremalprinzip charakterisiert werden. Damit ist eine physikalische Begründung und quantitative Formulierung des DARWINschen Prinzips möglich. Der Unterschied zu den Extremalprinzipien der Gleichgewichtsthermodynamik ist im Fehlen der mikroskopischen Reversibilität im stationären Zustand und in der begrenzten Anwendbarkeit der totalen Differentiale zu sehen.

7. Zusammenfassung

Abschließend möchte ich darauf hinweisen, daß das Konzept der Evolution uns als eine vollendete Dialektik von Zufall und Determiniertheit gegenübertritt.

Unter der Voraussetzung, daß Bausteine und Katalysatoren für Entstehung und Zerfall biologischer Makromoleküle vorhanden sind, entstehen durch *ZUFALL* Makromoleküle, die keine oder geringe autokatalytische Wirkung haben.

Das Makromolekül mit den besten autokatalytischen Eigenschaften, d.h. jenes, das der Umwelt am besten angepaßt ist, reproduziert sich ständig. Die anderen sterben aus. Diese Selbstadaption verläuft streng *DETERMINIERT*.

Bei der autokatalytischen Reproduktion treten *ZUFÄLLIG* Mutationen auf.

In der Regel haben diese Mutanten geringere autokatalytische Fähigkeiten und sterben wiederum aus. Entsteht nun eine Mutante mit besseren autokatalytischen Fähigkeiten, dann führt der Reproduktionszyklus zu nur dieser Mutante neben den Bausteinen. Es ist also ein komplizierteres autokatalytisches System entstanden. Die DETERMINIERTHEIT ist durch den autokatalytischen Zyklus gegeben. Der ZUFALL liegt darin, welche Makromoleküle primär entstehen und welche Mutationen erfolgen.

Instruktion, d.h. DETERMINIERTHEIT besteht im Verstärken des günstigen ZUFALLS.

Bei diesem Wechselspiel von ZUFALL und DETERMINIERTHEIT in der Evolution entsteht immer detailliertere biologische Information, d.h. entstehen Makromoleküle mit immer besseren autokatalytischen, d.h. selbstreproduzierenden Eigenschaften.

Literatur

EIGEN, M.: Naturw. **10** (1971) 465–523.

PRIGOGINE, I.: Angew. Chem. **90** (1978) 704–715.

EIGEN, M., und R. WINKLER: Mannheimer Forum **73/74**, 53–141.

STIERSTADT, K.: Physik. Bl. **34** (1978) Heft 7/8, 304–369.

BARANOWSKI, B.: Kolloquiumsvortrag Halle 18. 4. 1979.

GLANSDORFF, P. und I. PRIGOGINE: Thermodynamic Theory of Structure, Stability and Fluctuations. New York: Wiley Interscience 1971.

FSC
www.fsc.org
MIX
Papier | Fördert gute Waldnutzung
FSC® C083411

Zeitfracht Medien GmbH
Ferdinand-Jühlke-Straße 7
99095 Erfurt, Deutschland
produktsicherheit@kolibri360.de